TRUE
TALES

DUMONT

BASTIAN BERBNER

WO IST MH370?

EIN RÄTSEL UND DER MANN, DER ES LÖST

DuMont TRUE TALES

1. Auflage 2017
2017 DuMont Reiseverlag, Ostfildern
© 2016 Zeitverlag Gerd Bucerius GmbH & Co. KG
*»Wo ist MH370?« erschien erstmals im Dossier von Die Zeit; Ausgabe 34,
Jahrgang 2016. Der Text wurde für diese Ausgabe vom Autor ergänzt und
aktualisiert.*

Umschlag- und Reihengestaltung: ZERO Werbeagentur, München
Umschlagillustration: © FinePic / shutterstock
Übersetzung der ministeriellen Mitteilung und des Briefs von Blaine Gibson:
Melanie Wolfmeier, Stuttgart
Autorenfoto: privat
Fotos Innenteil: Bastian Berbner, mit Ausnahme: Nachsatz, Seite 6 (Haam
Waheed); Vorsatz (Sakis Papadopoulos / robertharding / laif); S. 58 (David
Parker / NYT / Redux / laif); S. 78/79 (Bian peng / Imaginechina / laif)

Printed in Europe
ISBN: 978-3-7701-6973-3

www.dumontreise.de

INHALT

FUNDSTÜCKE

Für einen wie Blaine Gibson ist die Welt ein kleiner
Ort. Er hat alle Kontinente und Weltmeere be-
reist, er war in 177 Ländern. 17 Länder fehlen
ihm noch, dann sind es alle.

Blaine Gibson, US-Amerikaner,
59 Jahre alt, hat keinen richtigen
Beruf, dafür einen Ehrgeiz,
den man vermessen nennen
könnte, fast dreist

Kolumbus fuhr nach Westen.

Vasco da Gama nach Osten.

Gibson sitzt mit Badelatschen an den Füßen in einem
kleinen, grünen Boot, das vor der Küste von Mosambik
durchs ruhige Meer gleitet.

Es ist der 27. Februar 2016, der Heckmotor leiert, der Fahrtwind kühlt die afrikanische Hitze runter. Blaine Gibson ist, seit zehn Monaten schon, unterwegs auf einer Reise gegen alle Wahrscheinlichkeit. Er war in Myanmar, Kambodscha und Thailand, dann in Malaysia und Westaustralien, auf den Malediven, Mauritius und La Réunion. Tausende Dollar hat er für Flugtickets, billige Herbergen und Bootsfahrten ausgegeben, aber nirgendwo hat er gefunden, wonach er sucht. Nun also Mosambik. Im Küstenstädtchen Vilankulo hat ihm ein Fischer von einer Sandbank berichtet. Dort werden alle möglichen Dinge angespült, hat der Fischer gesagt, alte Netze, Seile, abgerissene Bojen. Gibson, so wird er es später erzählen, hofft an jenem Februartag, dass noch etwas anderes dabei ist – etwas, das nur ein Wissender vom Müll des Meeres unterscheiden kann. Etwas, das ihn der Lösung des Rätsels näherbringen könnte. Gibson sucht Trümmerteile eines Flugzeugs.

Am frühen Morgen des 8. März 2014, etwa zwei Jahre, bevor Blaine Gibson den Fischer bittet, ihn zur Sandbank zu schippern, verschwand eine Boeing 777 von Malaysia Airlines. Flug MH370. 239 Menschen waren mit der Maschine auf dem Weg von der malaysischen Hauptstadt Kuala Lumpur nach Peking. 37 Minuten nach dem Start war die Boeing auf einmal nicht mehr auf den Radarschirmen zu sehen. Bis heute ist sie nicht wieder aufgetaucht.

Ein Unfall? Technisches Versagen? Ein Terroranschlag? Selbstmord des Piloten? Wurde das Flugzeug abgeschossen, wie vier Monate später MH17, ein anderer Jet derselben Airline, der über den Wolken in den russisch-ukrainischen Konflikt geraten war? In einer Welt, in der Satelliten Autos auf den Meter genau lokalisieren, in der Raketen punktgenau gelenkt werden, ist ein Flugzeug einfach so weg: ein stählernes Ungetüm, 223 Tonnen schwer, mit modernster Kommunikationstechnik ausgestattet.

Die Suche nach MH370 ist ein gigantisches Puzzle. Amerikanische Ingenieure, australische Physiker und Mathematiker, britische Satellitenexperten versuchen, es zusammenzusetzen, und verzweifeln daran, weil so viele Puzzleteile fehlen. Die Fachleute haben komplizierte Rechnungen erstellt, haben Flugzeuge fliegen, Schiffe fahren und Sonargeräte den Meeresboden abtasten lassen. Es ist die größte Unterwassersuche, die es je in der Geschichte gegeben hat, sie kostet 115 Millionen Euro. Doch die Technik hat keine Chance gegen die Unermesslichkeit des Ozeans.

Verschwörungstheoretiker verbinden in Online-Foren und Büchern die wenigen Puzzleteile mit scheinbaren Kausalitäten. Für nahezu jedes Welt- und Feindbild gibt es die passende These:

Die Russen haben das Flugzeug entführt und in Kasachstan versteckt.

Die CIA hat den Bordcomputer gehackt und es zu einem geheimen Stützpunkt gesteuert.

Die Nordkoreaner haben MH370 verschwinden lassen.

Blaine Gibson hat keine These – jedenfalls keine, die er so schnell verraten würde. Erst einmal sucht er nach neuen Puzzleteilen, nicht mehr, nicht weniger.

Eine Boeing 777-200ER: 63 Meter lang, 18 Meter hoch, 60 Meter Spannweite. Der Indische Ozean: so groß wie Asien und Afrika zusammen. Bis zu 8.000 Meter tief.

Folgt man Blaine Gibson, dann ist seine Suche gar nicht so irrational. Er sagt, alle Trümmerteile, die so leicht sind, dass sie nicht zu Boden sinken, werden von der Strömung fortgetragen – und irgendwann irgendwo angespült. Er sucht nach dem

Irgendwo. Steigt in Flugzeuge wie andere in den Bus, reist von Land zu Land. Er befragt die Einheimischen, wo die Wellen den Müll abladen. Dort geht er Strände ab, langsam, den Blick gesenkt, auf jedes Detail achtend, in der Hoffnung, dass das Meer ein Geschenk für ihn deponiert hat. Ein Teil des Flugzeugs, den Rucksack eines Passagiers, vielleicht einen Reisepass. Hunderte Küstenkilometer stapft er entlang. Im Sand sieht er zahllose Plastikflaschen, Feuerzeuge, Flipflops, Tüten. Manchmal hebt Gibson etwas auf, inspiziert es sorgfältig, entziffert mit zusammengekniffenen Augen Etiketten. Ohne Erfolg, bis zum 27. Februar 2016.

Nachdem der Fischer vor der Sandbank den Anker geworfen hat, geht Gibson am Strand in die eine Richtung, der Fischer in die andere. Nach ein paar Minuten hört Gibson ein Rufen. Der Fischer hält einen Gegenstand in beiden Händen. Dreieckig. Weiß. Groß wie die Flosse eines Riesenhais. Gibson fasst die Flosse an. Sie ist sehr leicht, vermutlich aus Fiberglas.

Und sie hat eine Aufschrift. In schwarzen Lettern steht da: *No Step*.

»Dass das Teil von einem Flugzeug stammt, wusste ich sofort. Ich hoffte, dass es von MH370 sein würde«, erinnert sich Gibson.

Wie immer, wenn er auf die Suche geht, hat er eines seiner MH370-T-Shirts angezogen. Es ist schwarz, mit einem weißen Flugzeug auf der Brust. Darauf steht: »*MH370. Search On*«. Sucht weiter. Er ahnt, dass die Zeitungen dieses Bild drucken werden. Das T-Shirt ist seine Botschaft: Seht her, die Suche lohnt sich. Es gibt auch im 21. Jahrhundert noch Entdeckungsreisen, die ans Ziel führen.

Gibson packt sein Fundstück ins Boot. Im Hotel umwickelt er es mit seiner Jacke, einer Hose, zwei Plastiktüten und einem Stück Pappe. Das Paket bringt er nach Maputo, in die Hauptstadt, wo er es einem Kommandeur der Luftfahrtbehörde übergibt. Der leitet es weiter nach Malaysia.

Die Boeing-Ingenieure in Kuala Lumpur erkennen schnell: Das Teil stammt tatsächlich von MH370, vom rechten Höhenruder. Blaine Gibson hat ein Puzzleteil gefunden. 7.000 Kilometer entfernt von dort, wo MH370 vom Radar verschwand, auf der anderen Seite des Indischen Ozeans.

Es ist der Beweis, dass er mehr als der Mann mit dem Spleen ist, als den ihn andere belächeln.

Blaine Gibson lebt aus einer Sporttasche mit aufgerissenen Nähten. Die Haare wuschelig, der Gang leicht gebückt. Er weiß so gut wie nie, welcher Tag gerade ist, seit Jahren sind ihm diese Dinge egal. Auch die Zeitzonen bringt er manchmal durcheinander. Über seine zwei Handys kommuniziert er mit anderen MH370-Suchern. Experten und Möchtegern-Experten. Freaks. Angehörigen von verschollenen Passagieren. Einem Geheimdienstler in den USA, einer Hobbyforscherin in England.

Oft trägt Gibson tagelang dasselbe verwaschene Hemd, dazu einen Hut. Damit sieht er aus wie Indiana Jones, der Filmheld, den er verehrt. 1981, als Harrison Ford in der Rolle des Archäologen die Bundeslade aufspürte, machte sich Gibson im realen Leben auf die Suche nach der Lade. Wochenlang streifte er durch äthiopische Klöster, vergeblich. Gibson sieht sich als Abenteurer, getrieben von Neugier, geleitet von Instinkt, nicht aufzuhalten vom Kleingeist seiner Kritiker. Er reist allein, mit eigenem Geld. Und so wie Indiana Jones allen stets einen Schritt voraus ist, glaubt auch Gibson, dass er, der Außenseiter, der Lösung des Rätsels näher ist als die Regierungen von Malaysia, China und Australien, die Auftraggeber jener gigantischen und erfolglosen Unterwassersuche.

Die offiziellen Suchteams haben unzählige Zwischenberichte veröffentlicht. Gibson hat sie in seinen Handys gespeichert. In den Berichten kann man nachschlagen, dass der Pilot 18.423 Flugstunden hinter sich hatte. Dass das Flugzeug 49,7 Tonnen Kerosin getankt hatte. Dass es 4,5 Tonnen Tropenfrüchte geladen hatte. Auf eine Frage findet man keine Antwort: Was geschah an Bord von MH370?

Die Maschine startet am 8. März 2014 um 0.42 Uhr Ortszeit in Kuala Lumpur. Der Flug ist nicht ausgebucht. Einige Passagiere werden sich auf dem Nachtflug über ihren freien Nebenplatz gefreut haben.

Die Fluggäste stammen aus 15 Ländern. 153 kommen aus China. 50 aus Malaysia. Zwei aus der Ukraine. Zwei aus dem Iran.

Sechs Stunden nach dem Start soll das Flugzeug in Peking landen. Das tut es nicht.

Am 8. März 2014, als an Bord etwas Fatales, bis heute Ungeklärtes geschieht, sitzt Blaine Gibson auf der Couch in seinem Elternhaus in Carmel, Kalifornien. Nach dem Tod seiner Eltern hat er es geerbt – und lange mit dem Verkauf gezögert. Das Anwesen, 2.500 Quadratmeter groß, ist das letzte bisschen Heimat eines Entwurzelten. Aber er nutzt es so gut wie nie. Und jetzt, da er für ein Jahr nach Laos fahren will, um Freunden zu helfen, die ein Restaurant aufmachen wollen, wird es Zeit.

Im Haus stapeln sich Erinnerungen. Seine Mutter hat alles aufbewahrt. In Umzugskisten: das Leben einer Familie, die es nicht mehr gibt. Gibson ist ein Einzelkind, er hat niemanden, der ihm helfen könnte, alles durchzugehen. Im Wohnzimmer stellt er den Fernseher an, setzt sich aufs Sofa und fängt an. Er findet Bilder von seinem Vater im Weißen Haus. Einen handgeschriebenen Brief Ronald Reagans an seine Mutter. Eine Originalurkunde der UN-Menschenrechts-Charta aus dem Jahr 1948, die Präsident Truman Gibsons Vater geschenkt hatte. Phil Gibson, Blaines Vater, war 24 Jahre lang Oberster Richter Kaliforniens, er kannte sechs Präsidenten persönlich.

Während Gibson in Erinnerungen schwelgt, meldet CNN: In Asien wird ein Flugzeug vermisst. Gibson schaut auf und folgt für ein paar Minuten den ersten Einschätzungen der Luftfahrtexperten.

Gibson räumt weiter aus und vergisst das Flugzeug. Zwei Monate später verkauft er das Haus für 1,2 Millionen Dollar. Jetzt kann er unbeschwert reisen. In 176 Ländern war er schon. Ihm fehlen noch 18. Die will er auch noch geschafft haben, wenn er in drei Jahren 60 wird.

In Asien suchen derweil Schiffe und Flugzeuge nach der vermissten Maschine. Zunächst im Golf von Thailand, wo sie vom Radar verschwunden ist.

Nach dem Start folgt MH370 der geplanten Route – von Kuala Lumpur nach Norden Richtung Vietnam. Nur Sekunden, bevor die Maschine den malaysischen Luftraum verlässt und in den vietnamesischen einfliegt, meldet sich MH370 beim Tower in Kuala Lumpur mit den Worten ab: »*Good night. Malaysian three seven zero.*« Ein Abschiedsgruß. Routine. Scheinbar.

Es bleiben die letzten Worte aus dem Cockpit. Zwei Minuten später verschwindet das kleine gelbe Quadrat, das gerade noch den Kurs von MH370 angezeigt hat, von den Radarschirmen im Tower. Die vietnamesischen Fluglotsen wundern sich. Sie versuchen, Kontakt zur Besatzung aufzunehmen. Dann zu ihren malaysischen Kollegen. Auch die versuchen, die Crew zu erreichen. Keine Antwort. Das gelbe Quadrat bleibt verschwunden. Als existierte MH370 nicht.

In den Towern bricht Hektik aus. Dann Panik. Vorgesetzte werden aufgeweckt, Telefonate geführt. Was noch niemand weiß: Das malaysische Militär hat das Flugzeug zu diesem Zeitpunkt weiterhin auf dem Schirm. Das Militärradar ortet auch Flugobjekte, die nicht gesehen werden wollen. Es ist nicht – wie das zivile Radar – darauf angewiesen, dass der Transponder im Flugzeugcockpit Signale sendet.

Die Militärdaten werden später zeigen, dass die Maschine, sofort nachdem sie vom zivilen Radar verschwunden ist, nicht etwa ins Südchinesische Meer stürzt, sondern eine scharfe Linkskurve fliegt, zurück Richtung Malaysia.

Irgendwer muss die Kommunikationsgeräte abgeschaltet und den Jet auf einen anderen Kurs gebracht haben. Wer immer das war, er macht über der Halbinsel Penang eine zweite Kurve, steuert nach Norden Richtung Golf von Bengalen. Für 200 Meilen bleibt er auf diesem Kurs. Dann, um 2.22 Uhr, ist die Maschine auch außer Reichweite des Militärradars und verschwindet über dem Indischen Ozean.

Nachdem die malaysischen Behörden die Militärdaten ausgewertet haben, vier Tage nach dem Verschwinden des Jets, fahren Schiffe mit Unterwassermikrofonen in den Golf von Bengalen. Sie sollen den Flugschreiber lokalisieren. Die Mission ist aussichtslos. Die Batterien halten nur 30 Tage, und der Indische Ozean ist riesig. Die Schiffe finden nichts. Die Ermittler durchleuchten die Passagierliste, die Personalakten der Crew. Sie finden heraus, dass die beiden

Iraner an Bord gefälschte Pässe hatten. Malaysia schaltet das FBI ein.

Eine Frage in diesen ersten Tagen lautet: Kann das Flugzeug irgendwo gelandet sein, besteht noch Hoffnung für die Passagiere?

Im Indischen Ozean gibt es nicht viele Orte, an denen eine 777 landen kann, schon gar nicht unbemerkt. Einen Ort aber gibt es. Mitten im Meer, auf dem schmalen Atoll Diego Garcia. Dieser Name versetzt Verschwörungstheoretiker in Hysterie. Diego Garcia ist ein geheimer US-Militärstützpunkt. Die Basis amerikanischer Spezialkräfte. Es gibt keinen ernst zu nehmenden Hinweis darauf, dass MH370 auf Diego Garcia gelandet sein könnte. Die USA teilen Malaysia rasch mit, ihre Satelliten hätten nichts gesehen.

Im Frühjahr 2015, ein Jahr nachdem Gibson sein Elternhaus verkauft hat, steht die Eröffnung des Restaurants seiner Freunde in Laos kurz bevor. Gibson hat für sie Hütten aus Teakholz gebaut. Er hat Wege angelegt, Palmen gepflanzt und eine Karaokeanlage besorgt. Und abends im Internet herumgelesen. So ist er wieder auf MH370 gestoßen. Er fragt sich: Warum finden die nichts? Und recherchiert weiter. Zwei Informationen wecken sein Interesse. Auf einer malaysischen Website steht, dass Inselbewohner auf den Malediven in den Morgenstunden des 8. März 2014 einen Passagierjet über ihre Insel fliegen sahen. So tief, dass sie die Farben sehen konnten. Weiß, Rot und Blau. Die Farben von Malaysia Airlines. Gibson denkt: Es wäre nicht das erste Mal, dass Augenzeugen den Weg zu einer Absturzstelle weisen. Wenige Monate zuvor haben indonesische Fischer Suchtrupps zu einem Wrack geführt, einer Air-Asia-Maschine. Gibson will mehr über die Augenzeugen erfahren – und findet nichts.

Stattdessen: Dutzende Artikel über einen Satelliten mit dem Kürzel 3 F1, betrieben vom britischen Kommunikationsdienstleister Inmarsat. Der Satellit 3 F1 befand sich am Tag des Verschwindens 35.793 Kilometer über dem Indischen Ozean. Eigentlich leitet er dort Telefonsignale weiter. Aber an diesem Tag wurde er siebenmal von einem Satellitengerät kontaktiert. Ein Mitarbeiter von Inmarsat hat die Daten entdeckt und herausgefunden, dass es das Satellitengerät von MH370 war. Die Kontaktaufnahmen fanden allesamt statt, nachdem die Maschine um 2.22 Uhr vom Militärradar verschwunden war. Der erste Kontakt erfolgte nur drei Minuten später – irgendwer an Bord musste das Satellitengerät wieder

eingeschaltet haben. Alle 60 Minuten versuchte das Gerät daraufhin automatisch, den Satelliten zu erreichen. Sechs weitere Male gelang das. Zuletzt um 8.19 Uhr. In Laos kritzelt Blaine Gibson die Zahlen auf ein Blatt Papier. Uhrzeiten, ein Zeitstrahl. Ihm wird klar: Wenn die Satellitendaten stimmen, war das Flugzeug noch sieben Stunden in der Luft, nachdem es »verschwunden« war. Während also im Morgengrauen des 8. März schon die Suchmannschaften ausrückten, während Gibson auf der Couch den CNN-Experten zuhörte, flog MH370 immer weiter. Sieben Stunden – die Maschine könnte nahezu jeden Punkt im Indischen Ozean erreicht haben.

Auf der Website des malaysischen Transportministeriums liest Gibson, dass die Regierung Mathematiker von Inmarsat beauftragt hat, die Satellitendaten auszuwerten. Jede noch so kleine Information sollen sie herausfiltern.

Die Mathematiker berechnen, dass der letzte Satellitenkontakt stattgefunden haben muss, als dem Flugzeug das Kerosin ausging. Sie folgern: Kurz nach 8.19 Uhr ist es abgestürzt.

Aber wo genau war MH370 zu diesem Zeitpunkt?

Die Satellitendaten liefern keine Koordinaten, kein X auf einer Landkarte. Doch die Mathematiker schaffen es, die Entfernung zwischen Satellit und Flugzeug bei jeder der sieben Kontaktaufnahmen auszurechnen. Für jeden Kontakt zeichnen sie wie mit einem Zirkel einen Ring auf eine Karte des Indischen Ozeans. Sieben Kontakte, sieben Ringe. Das Flugzeug muss diese Ringe zu den jeweiligen Zeitpunkten geschnitten haben. Da sie wissen, wie sich der Satellit im All bewegt hat, können sie noch etwas herausfinden: Das Flugzeug muss nach Süden geflogen sein.

Sie lassen einen Computer Milliarden mögliche Flugrouten berechnen und formulieren eine Hypothese: Nachdem das Flugzeug vom Militärradar verschwand, flog es eine Linkskurve, dann geradewegs nach Süden, bis ihm nördlich der Antarktis das Kerosin ausging und es ins Wasser stürzte. In einem Gebiet, das zu den am wenigsten erforschten der Weltmeere gehört. Die See dort ist wild. Bis zu 6.000 Meter tief. Der perfekte Ort, um Beweise zu vernichten, ergänzen die Verschwörungstheoretiker.

Die australische Westküste ist 2.000 Kilometer von der vermuteten Absturzstelle entfernt, aber dort liegt der nächste Hafen. Die australische Regierung übernimmt die Suche. Im Oktober 2014 schickt sie hoch technisierte Schiffe los, die beginnen, mit Sonargeräten und Mini-U-Booten ein Gebiet von 120.000 Quadratkilometern zu durchsuchen, fast so groß wie England.

Als Blaine Gibson in Laos von der Suchaktion liest, im Hintergrund das Rauschen des Mekong, der ihn angesichts des Rätsels um MH370 immer weniger interessiert, suchen die australischen Schiffe schon seit fünf Monaten. 30.000 Quadratkilometer Meeresboden haben sie schon gescannt, ein Viertel des Suchgebiets. Sie haben Unterwassergebirge und Tiefseegräben kartografiert, die zuvor unbekannt waren, aber vom Flugzeug keine Spur. Gibson denkt über die Augenzeugen nach. Entweder sie haben MH370 auf den Malediven gesehen. Oder die Maschine flog in Richtung Australien. Es kann nicht beides stimmen. Haben die Inselbewohner recht, suchen die Schiffe am falschen Ort.

Gibson ist ein rastloser Typ, aber auf seine Art ist er auch ein bodenständiger Mensch.

Er sagt: »Entweder glaubst du den Augen der Satelliten oder den Augen der Fischer. Ich tendiere zu den Fischern.«

Er meldet sich in Facebook-Gruppen an, wo sich MH370-Hobbyforscher und Angehörige austauschen. Er fragt, ob jemand die Augenzeugen auf den Malediven interviewt habe.

Zur Antwort kriegt er »Man müsste«-Sätze. Man müsste mit den Augenzeugen reden. Man müsste rausfinden, ob das maledivische Radar etwas aufgezeichnet hat. Man müsste nach Trümmern suchen.

Blaine Gibson hat als Student im Dschungel Guatemalas alte Maya-Tempel freigelegt. Er hat auf einem Expeditionsschiff in der Antarktis gearbeitet. Er hat in Tadschikistan einen Meteoritenkrater erkundet.

Seit Jahrzehnten fliegt er durch die Welt wie ein freies Radikal, haltlos, heute entscheidet er, wo er morgen sein will. Sobald sich etwas Historisches abzeichnet, bucht Gibson einen Flug. So kommt es, dass er auf dem Roten Platz war, als Gorbatschow abdankte, und auf dem Platz des Himmlischen Friedens, Stunden nachdem Deng Xiaoping gestorben war. Im Jugoslawienkrieg beobachtete er, wie die serbische Luftwaffe ein Krankenhaus bombardierte. Gibson sagt, vielleicht hätte er Journalist werden sollen. Stattdessen studiert er Jura, geht in den diplomatischen Dienst, ein Jahr Brasilien, zu langweilig. Er heuert bei einem Senator an, dann bei einer Bank. Er kann sich nie entscheiden, will immer alles. Blaine Gibson hat etwas Kompromissloses, was vielleicht auch daran liegt, dass er nie Kompromisse machen musste. Er hat Freunde überall auf der Welt, aber kaum welche, die er oft sieht. Keine Frau, keine Kinder. Heiraten könne er noch, wenn er alt sei, sagt er. Geld scheint ihm nicht so wichtig, solange er genug davon hat, um seine Abenteuer zu finanzieren.

Im Frühjahr 2015 fragt er sich, ob MH370 nicht etwas für ihn wäre. Er fliegt nach Kuala Lumpur. Am ersten Jahrestag treffen sich dort Angehörige der MH370-Passagiere. Sie lassen weiße Ballons steigen und halten Reden auf die Vermissten. Gibson sitzt in der ersten Reihe, als eine 27-jährige Frau auf die Bühne steigt. Ihre Mutter war an Bord. Sie sagt: »Jeder Tag ist wie ein lebendiger Albtraum. Ich vermisse meine Mutter so sehr. Sie war alles für mich. Um damit abschließen zu können, müssen wir wissen, was passiert ist.« Die Frau auf der Bühne weint, und mit ihr Blaine Gibson in der ersten Reihe. Plötzlich strömen dem auf den ersten Blick so abgeklärten Weltenkenner die Tränen über die Wangen. Er sagt, als die Frau über ihre Mutter sprach, habe er an seine Mutter gedacht. Da sei ihm klar gewesen, dass er dieses Flugzeug finden müsse. Das ist seine Antwort, wenn Journalisten fragen, warum er seine Zeit und sein Geld investiert, obwohl er niemanden an Bord kannte.

Man muss Gibson nicht lange begleiten, um zu merken: Er macht es auch für sich. Er will dieses Rätsel lösen, und am Ende soll die Welt wissen, dass er es war, der es geschafft hat. Dass er in dieser scheinbar auserklärten Welt, in der Google die meisten Fragen beantworten kann, eine Lücke im menschlichen Wissen gefunden und gefüllt hat.

Blaine Gibson folgt seinem Instinkt und fliegt auf die Malediven-Insel Kudahuvadhoo. 23 Menschen bezeugen, dass sie hier am 8. März 2014 ein Flugzeug gesehen haben. Gibson interviewt vier von ihnen. Sie schildern ihm, wie um kurz nach sechs Uhr morgens ein Passagierjet über die Insel rauschte. Die einen sagen: vielleicht in 300 Metern Höhe. Die anderen: in 1.000 Metern. Alle erinnern sich an einen ohrenbetäubenden Lärm. Zwei an die Farben Weiß, Rot und Blau. Gibson schreibt alles auf und sammelt die Berichte in einer braunen Kladde. Mit seinem Handy macht er Fotos.

Er fragt, ob auch die Augenzeugen Fotos gemacht haben, vielleicht sogar Videos. Aber sie haben nur ihre Erinnerungen. Gibson glaubt ihnen. Vielleicht waren sie die Letzten, die das Flugzeug in der Luft sahen, bevor es einige Hundert Kilometer südlich abstürzte. In die Richtung haben sie den Jet verschwinden sehen – dorthin, wo der Ozean sehr tief wird. Gibson ist sicher: Es gab ein Flugzeug. Aber war es MH370?

Er will nicht spekulieren, er will Beweise. Er fängt an, maledivische Strände nach Trümmern abzusuchen. Währenddessen kreuzen vor Australien weiter die Suchschiffe. Ein Fernduell, das ungleicher nicht sein könnte. Gibson, der Nerd, gegen die Forscher mit den millionenteuren Sonargeräten. Wer wird zuerst etwas finden?

Keiner von beiden. Am 29. Juli 2015 ist Gibson gerade in Laos, um sich um das Restaurant seiner Freunde zu kümmern. Abends sieht er fern. Wieder CNN. An einem Strand auf La Réunion hat ein Reinigungsmann der Stadt Saint-André ein zwei Meter langes weißes Karbonteil gefunden. Der Sender zeigt Bilder davon. Gibson erkennt sofort: Das ist ein Stück von einem Flügel. Analysen werden später zeigen: Es ist eine Flügelklappe von MH370 , jenes Teil, das der Pilot beim Landen ausfährt, um die Geschwindigkeit zu drosseln.

Über dieses Fundstück werden sich noch viele Fachleute Gedanken machen. Einer von ihnen, ein erfahrener Experte für Flugunfälle, wird aus den Bildern der Flügelklappe – hinten zerfetzt, vorn fast unversehrt – folgern, dass sie zur Landung ausgefahren sein musste, als das Flugzeug auf dem Wasser aufschlug. Der Unfallexperte sagt und wird bis heute daran festhalten, es habe ganz sicher ein erfahrener Kapitän im Cockpit gesessen, der eine kontrollierte Landung auf dem Wasser probierte. Er habe die Klappen ausgefahren, bei der Wasserlandung seien sie abgerissen und von der Strömung fortgetragen worden, während der Rumpf des Flugzeugs, weitgehend intakt, auf den Meeresboden sank.

Von diesen Schlussfolgerungen weiß Gibson erst einmal nichts. Er weiß nur: Das Meer hat ein kleines Puzzleteil preisgegeben. 3.000 Kilometer südwestlich von Kudahuvadhoo, wo er die Augenzeugen traf. 6.000 Kilometer nordwestlich des australischen Suchgebiets.

Gibson bucht einen Flug nach La Réunion.

Es dauert damals nicht lange, bis im fernen Deutschland, im Kieler Meeresforschungsinstitut Geomar,

vierter Stock, das Telefon klingelt. Dort hat Arne Biastoch, Spezialist für Meeresströmungen, sein Büro.
Am Telefon fragen Journalisten: Wie ist es zu erklä-
ren, dass die Flügelklappe so weit westlich angeschwemmt wurde, fast in Afrika?

Biastoch antwortet, dass der Äquatorialstrom alles
im Indischen Ozean nach Westen trägt, bis es an einem Strand angespült wird. Zum Beispiel auf La
Réunion. Es hätte auch Madagaskar, Mosambik, Südafrika oder Tansania sein können, sagt er. Der Strö-
mungsfachmann denkt, dass er vielleicht noch mehr
tun kann, als Reporterfragen zu beantworten. Er ruft
zwei Kollegen zu sich. Sie kontaktieren ein Meeresforschungsinstitut in Toulouse und eines im britischen
Reading. So kommt es, dass sich elf der besten Ozeanografen Europas zusammentun, während Blaine
Gibson auf La Réunion nach weiteren Trümmern
sucht. Die Experten wollen zurückrechnen, wo die
Flügelklappe hergekommen sein könnte. Statistiken
sollen ihnen den Weg zum Absturzort weisen.

Die Franzosen haben ein genaues Modell des Indischen Ozeans, mit Wetterdaten für jeden einzelnen Tag. Forschungsschiffe haben Temperaturen gemessen, Tiefendrifter den Salzgehalt des Wassers und Oberflächenbojen Windgeschwindigkeiten. Auch die Erdrotation ist eingerechnet. Ihre Informationen schicken die Franzosen nach Kiel. Aus Großbritannien bekommen Biastoch und seine Kollegen Daten über Wellen, die sie in das französische Modell integrieren. Mit all dem Material füttern sie einen Supercomputer und geben ihm eine Aufgabe: Fünf Millionen virtuelle Partikel soll er auf eine Reise rückwärts schicken. Der Start: Juli 2015, La Réunion, wo die Flügelklappe angeschwemmt wurde. Das Ziel: 8. März 2014. Wo an diesem Tag die meisten der fünf Millionen Partikel ankommen, denken die Wissenschaftler, da ist die Absturzwahrscheinlichkeit am höchsten. Auf La Réunion findet Gibson kein weiteres Teil. Auch auf der Nachbarinsel Mauritius: nichts.

Die Australier haben in der Zwischenzeit ein Schiffswrack aus dem 19. Jahrhundert entdeckt. Aber: keine Spur vom Flugzeug. Gibson nimmt sich vor, systematischer zu suchen. Vielleicht ja gemeinsam mit den Australiern? Die Ermittler empfangen ihn in Canberra, in einem schmucklosen Konferenzraum, an den Wänden Seekarten des Indischen Ozeans. Aufeinandertreffen der Duellanten. Gibson hat sich einen MH370-Button ans Shirt gesteckt. Er fragt die Ermittler: Warum überprüft ihr nicht die Zeugen auf den Malediven? Die Australier sagen: Was die Zeugen gesehen haben, war nicht

MH370. Das Wrack liegt vor der australischen Küste. Die Satelliten sind verlässlich. Zum Abschied ermutigen sie ihn, weiter Trümmer zu suchen. Mosambik oder Madagaskar, empfehlen sie ihm – Länder, die auch der Kieler Wissenschaftler Biastoch genannt hat.

Gibson entscheidet sich für Mosambik. Da war er noch nie. Land 177 auf seiner Liste.

Dort, auf der Paluma-Sandbank, findet er im Februar das Trümmerteil mit der Aufschrift *No Step*. Stolz gibt er noch in derselben Nacht sechs Interviews. Die BBC schaltet ihn ins Studio. CNN schickt ein Kamerateam aus Johannesburg. Gibson sagt: »Ich bin der Einzige, der nach dem Flugzeug gesucht hat und ein Teil davon gefunden hat.«

Er wird gefeiert, wird zum Gesicht der Suche nach MH370.

Einen der Berichte jener Zeit sieht der südafrikanische Teenager Liam Lötter. Er erinnert sich an ein undefinierbares Ding, das er im Mosambik-Urlaub gefunden und mitgenommen hat.

Später stellt sich heraus: Das Ding stammt von MH370.

Und es geht weiter: Auf der Insel Rodrigues, die zu Mauritius gehört, wird etwas gefunden, ein Stück Kabinenwand. Auf der Hauptinsel Mauritius selbst tauchen zwei Stücke der Außenwand auf, in Mosambik drei weitere Teile. Zuletzt wird in Tansania eine zweite Flügelklappe entdeckt, auch sie: hinten zerfetzt, vorn fast unversehrt. Plötzlich spuckt das Meer Trümmer aus wie Ermutigungen. Als wolle es sagen: Da draußen liegt das Wrack – und verborgen in den Mikrochips der Flugschreiber die Lösung des Rätsels.

Die Wrackreste werden nach Malaysia, einige für genauere Analysen weiter nach Australien geflogen. Dort, nicht weit vom Flughafen Canberra entfernt, werden sie in ein Labor gebracht. Biologen und Chemiker untersuchen dort jene Teile, an denen sich Meerestiere festgesetzt haben, Muscheln und Kletten. Die Größe der Tiere könnte darauf schließen lassen, ob das Fundstück seine Reise durchs Meer in kaltem

Wasser (im australischen Suchgebiet) oder in warmem, tropischem Wasser (südlich der Malediven) begonnen hat. Noch haben die Wissenschaftler ihre Ergebnisse nicht veröffentlicht. Blaine Gibson muss warten. Er hat keinen Zugang zu den Forschungen.

AUGENZEUGEN

In Kiel beenden Anfang 2016 die Ozeanografen um Arne Biastoch ihre Strömungsberechnungen. Sie übertragen die Ergebnisse auf eine Karte. Fünf Millionen dünne rote Linien ziehen sich darauf wild durch den Indischen Ozean, von Westen nach Osten, vom Juli 2015 zurück zum 8. März 2014. Es gibt Gebiete, die auf der Karte tiefrot eingefärbt sind. Dort sind am Absturztag die meisten virtuellen Partikel gelandet. Irgendwo da, so die Studie, schlug das Flugzeug wahrscheinlich auf die Wasseroberfläche und brach auseinander. Die leichte Flügelklappe begann ihre langsame Reise Richtung La Réunion. Der größte Teil des Wracks dagegen sank auf den Boden: die schweren Turbinen, der Rumpf, die Paletten mit 4,5 Tonnen Tropenfrüchten, die Flugschreiber und der Stimmenrekorder mit all den Geheimnissen.

Auf der Karte der Ozeanografen ist das Gebiet, wo die australischen Schiffe suchen, tiefblau. Kaum eine rote Linie, kaum ein Partikel hat sich dorthin verirrt. Die Studie sagt: Die Australier suchen an der falschen Stelle. Eine der tiefroten Stellen aber liegt tatsächlich etwa 1.000 Kilometer südlich der Malediven, ziemlich nah beim amerikanischen Militärstützpunkt Diego Garcia. Haben die Augenzeugen also doch MH370 gesehen?

Blaine Gibson glaubt mehr und mehr an die Malediven-These. Allerdings irritiert ihn ein französischer Zeitungsbericht. Auch eine Le-Monde-Reporterin hat nun auf den Malediven die Augenzeugen besucht, genau wie Gibson. Danach hat sie bei der Luftfahrtbehörde in der Hauptstadt Malé nachgefragt – und eine interessante Auskunft bekommen. Die Reporterin schreibt in ihrem Artikel, das Flugzeug über Kudahuvadhoo sei eine Propellermaschine vom Typ Dash-8 gewesen, ein Inlandsflug der Airline Maldivian. Auch deren Farben: Weiß, Rot, Blau. Die Maschine sei von Malé zum Provinzflughafen Thimarafushi geflogen, schreibt Le Monde. Wahrscheinlich sei sie vom Kurs abgekommen und daher über Kudahuvadhoo geflogen.

Gibson wundert sich, dass die Zeugen auf Kudahuvadhoo einen Passagierjet mit einer Propellermaschine verwechselt haben sollen. Einige haben ihm erzählt, dass sie selbst viel reisen und sich mit Flugzeugen auskennen. Wer auf den Malediven lebt, benutzt Boot und Flieger wie jemand in Deutschland Bus und Bahn.

Deswegen sitzt Gibson im Mai 2016 in einem winzigen Wasserflugzeug, der Sitz zu klein für einen großen Kerl wie ihn. Er müsste nur den Kopf heben und aus dem Fenster schauen, er würde sehen, wie unten einsame Inseln vorbeiziehen, wie riesige Riffe durchs Wasser scheinen. Ein Paradies in Türkis, Weiß und

Grün. Aber Gibson schaut nicht aus dem Fenster, sondern auf sein Handy. Darauf hat er Bilder von MH370 und den Maldivian-Propellermaschinen gespeichert. Er will die Bilder den Inselbewohnern zeigen.

Nach der Landung macht Gibson sich zu Fuß auf den Weg, in seinem Arbeitsdress: Badelatschen, Shorts, MH370-Shirt. Am Strand sieht er Abdu Rashid schon aus der Ferne winken, einen gedrungenen Mann von 47 Jahren mit wettergegerbtem Gesicht. Gibson umarmt ihn wie einen alten Freund. Vor einem Jahr hat er ihn hier schon mal getroffen.

Jeden Samstag kommt Abdu Rashid frühmorgens hier runter zum Strand. Im Licht der aufgehenden Sonne beißen die Fische besonders gut. Der 8. März 2014 war ein Samstag. Um kurz nach sechs steht Abdu Rashid damals bis zur Brust im klaren Wasser und hat seine Leine ausgeworfen, als er aus Nordwesten das Getöse der Turbinen hört. So hat er es Gibson bei seinem ersten Besuch erzählt. So schildert er es jetzt wieder. Abdu Rashid dreht sich um und zeigt mit ausgestrecktem Arm, zwischen den Fingern eine Zigarette, in die Richtung zweier Inseln. Dort sei das Flugzeug aufgetaucht. Es sei tief geflogen, über Kudahuvadhoo habe es nach Süden abgedreht.

Gibson zückt sein Handy und zeigt die Fotos. Er wischt mehrfach vor und zurück. Abdu Rashid zeigt auf die Boeing 777, so ein Flugzeug sei es gewesen, auf jeden Fall ein Jet mit Turbinen, keine Propellermaschine.

Im Dorf trifft Gibson einen 17-Jährigen, der damals, neugierig vom Lärm, vor die Tür trat und in den Himmel schaute. Auch er ist sich sicher: ein Jet. Eine 50-Jährige im traditionellen islamischen Gewand erzählt Gibson, sie habe das Flugzeug morgens beim Kehren der Straße gesehen. Als das Fernsehen mittags Bilder der vermissten MH370 gebracht habe, habe sie sofort erkannt: Das war dieselbe Maschine, die über unsere Insel flog. Auch sie sagt: keine Propeller.

Insgesamt interviewt Gibson sechs Augenzeugen. Alle sagen: Es war ein Jet. Die 50-Jährige meint sich an die Form des Rumpfes zu erinnern, ein anderer an die Turbinen.

Am Abend sitzt Gibson auf der grünen Leder-couch im Kudahuvadhoo Inn, einer 40-Dollar-Herberge, und trinkt Litschisaft aus der Tüte. Er sagt, dass er den Zeugen traue. Er denkt, dass der Le-Monde-Artikel falsch sei und dass die Überres-te von MH370 tatsächlich einige Hundert Kilome-ter südlich von Kudahuvadhoo am Meeresboden liegen könnten. Wobei er betont, dass das nur ein Gefühl sei.

Gibson fragt sich, wie er aus dem Gefühl einen Be-weis machen kann.

Malé ist, mitten im Paradies, ein urbaner Moloch, 120.000 Einwohner, zusammengepfercht auf einer viel zu kleinen Insel. Blaine Gibson betritt ein Restaurant und wählt einen Tisch in einer Ecke. Ein Ventilator verteilt wummernd die Schwüle. Im Hintergrund Popmusik.

Ein Mann um die 50 setzt sich zu Gibson. Ein gemeinsamer Freund der beiden hat das Treffen arrangiert. Der Mann ist ein ranghoher Mitarbeiter der Flugsicherheitsbehörde am Flughafen. Er hat Zugang zur Datenbank des Towers. Dort werden alle Starts und Landungen gespeichert.

Der Mann braucht nur einige Sekunden, um auf seinem Smartphone nachzuschauen: Den Inlandsflug aus dem Le-Monde-Artikel gab es nicht. Auch keinen anderen, der passen würde. Später schickt er Gibson einen Screenshot der Flugdaten. Die Journalistin ist einer Fehlinformation aufgesessen. In den Tagen danach bestätigen das zwei Piloten und eine zweite Quelle bei der Luftüberwachung.

Gibson ist euphorisch, er hat den Artikel widerlegt. Die Augenzeugen haben keinen Inlandsflieger gesehen. Aber kann Gibson auch beweisen, dass die Maschine, die sie sahen, tatsächlich MH370 war?

Der Mann in der Bar sagt: Die Malediven haben kein Radar für den Luftraum über Kudahuvadhoo. Wahrscheinlich wird man nie wissen, welches Flugzeug die Zeugen gesehen haben. Dennoch, als Gibson die Bar verlässt, ist klar: Die Malediven-Theorie ist wieder im Rennen.

Wenn Gibson in jenen Tagen auf dem Handy die Nachrichten seiner Facebook-Gruppe checkt und MH370-Blogs liest, stößt er überall auf ein Gerücht, das er schon kennt: Der Pilot sei ein Massenmörder. Vor allem eines spricht für die These: Der Pilot Zaharie Shah, einer der erfahrensten Kapitäne von Malaysia Airlines, trainierte zu Hause an einem Flugsimulator. Darauf fanden die Ermittler eine Route in den Südindischen Ozean, die nicht genau, aber in etwa dorthin führt, wo MH370 nach Ansicht der australischen Ermittler geflogen sein soll. Es war eine von Tausenden Routen, die Shah am Simulator flog. Aber für diese fehlt eine Erklärung. Dort unten kann man nirgendwo landen.

Gibson zweifelt an der Suizid-Theorie. In der Malaysia-Airlines-Personalakte hat er gelesen, dass der Pilot völlig gesund war. Kein Anzeichen für psychische Probleme. Gibson will mehr über ihn rauskriegen. Findet sich in seiner Biografie doch ein Motiv? Oder aber: Kann man ihn entlasten?

Von Malé fliegt Gibson nach Kuala Lumpur. Dort nimmt er ein Taxi in einen Vorort. Umzäunte Häuser, bescheidener Wohlstand. Sakinab Shah empfängt Gibson mit Kuchen, frischen Mangos und Datteln Sie trägt eine bunte Bluse und Goldschmuck. Sie führt ihren Gast an der Wohnzimmerwand vorbei, an der Familienfotos hängen. Viele zeigen ihren Bruder. Der junge Zaharie mit schwarzem Haar. Zaharie älter, mit Glatze. Zaharie, herumalbernd mit seinen Nichten und Neffen.

»Wenn das über einen hereinbricht, fängst du selber an zu zweifeln«, sagt Sakinab Shah. »Aber ich bin

sicher: Mein Bruder, mein Baby John, hätte so etwas nie getan.«

Sie erzählt Gibson, dass sie, zwei Wochen bevor das Flugzeug verschwand, mit Zaharie und der Familie essen war. Er war wie immer, sagt sie, ein Mann, dem der Schalk im Nacken saß und der mit den Kindern spielte. »Er war auf dem Höhepunkt seiner Karriere. Er wurde dafür bezahlt, seinen Traum zu leben – wie ein Fußballspieler. Als Kind schon sammelte er Modellflugzeuge«, sagt Sakinab Shah mit brechender Stimme.

In einigen Zeitungsartikeln wurde spekuliert, Zaharie Shah habe Eheprobleme gehabt. Sakinab Shah sagt, es gab diese Eheprobleme nicht. Gibson wollte gern mit Zaharies Frau sprechen, aber sie hat abgelehnt.

Vorsichtig lenkt Gibson das Gespräch in Richtung Politik. Vielleicht hatte der Pilot ja ein politisches Motiv. Die Schwester sagt, ja, er war Anhänger des ehemaligen Oppositionsführers Anwar Ibrahim, der, einen Tag bevor MH370 verschwand, zu einer Haftstrafe verurteilt wurde. Aber ihr Bruder sei nicht politisch aktiv gewesen, sagt die Schwester. Und noch einmal: »Mein Baby John würde so etwas nicht tun.« Nicht Zaharie, der seiner Schwester von seinen Reisen immer etwas mitbrachte. Der seine sterbende Mutter pflegte und seinen Nichten Konzerttickets schenkte.

»Good night. Malaysian three seven zero.« Die letzten Worte aus dem Cockpit.

Sakinab Shah erzählt Gibson, dass sie sich diese Worte bei YouTube angehört hat, immer wieder.

Sie sagt: »Ich kenne die Stimme meines Bruders. Das war nicht er.«

Als Gibson in der Tür steht, um sich zu verabschieden, umarmt ihn Sakinab Shah: »Wir waren auf dem Mond und wollen auf den Mars. Dann werden wir ja wohl dieses Flugzeug finden können. Wir müssen weitersuchen.«

Sie will den Namen ihres Bruders reinwaschen.

Alle Hoffnung setzt sie in Blaine Gibson. Er muss das Wrack finden. Die Blackbox.

Gibson weiß nicht recht, was er von der Sache mit der Stimme halten soll, aber nach dem Gespräch glaubt er noch weniger an einen Piloten-Suizid als zuvor. Das Satellitengerät ausschalten, drei Kurven fliegen und dann noch sieben Stunden weiter, bis der Sprit ausgeht – warum es nicht einfach schnell zu Ende bringen?

Am Abend ordnet Gibson seine Gedanken. Wenn der Jemand im Cockpit keinen Selbstmord beging, was hat ihn dann motiviert?

»Terrorismus ist unwahrscheinlich«, sagt Gibson. »Wäre es ein Anschlag gewesen, hätte sich jemand dazu bekannt.« Und die beiden Iraner mit den gefälschten Pässen, so fanden die Ermittler heraus, waren Flüchtlinge, die nach Europa wollten.

Dann, nach einer langen Pause, sagt Gibson: »Es gibt ein Motiv, über das bisher kaum geredet wird, dabei halte ich es zumindest für plausibel.«

Wenn früher im Wilden Westen Banditen einen Postzug ausraubten, nannten sie das *great train robbery*. Vielleicht habe man es hier mit einer *great plane robbery* zu tun. Vielleicht sei etwas Wertvolles im Laderaum gewesen. Etwas, das nicht auf den Frachtpapieren stand. Oder ein Passagier hatte etwas dabei, das jemand stehlen wollte. Wenn nicht ein Räuber, dann vielleicht ein Geheimdienst.

Gibson hat eine Zeit lang in Seattle gelebt. Dort, erzählt er, raunten die Leute heute noch den Namen D. B. Cooper wie den eines Volkshelden. Cooper entführte 1971 eine Boeing 727. Mitten im Flug sprang er mit 200.000 Dollar ab. Er wurde nie gefunden. Nur von dem Geld tauchten einige verwitterte Scheine auf.

Kann man aus einer Boeing 777 abspringen? Wenn sie langsam und tief fliege, schon, sagt Gibson. Vorausgesetzt, man habe es geschafft, einen Fallschirm an Bord zu bringen. »Und wenn du abspringen willst, machst du das doch besser über der ruhigen und warmen See der Malediven als im eiskalten Südindischen Ozean mit meterhohen Wellen. Vorher stellst du den Autopiloten ein, damit die Maschine weiterfliegt, bis der Sprit ausgeht. Dann stürzt sie ab, und du hast gleich noch die Beweise vernichtet.«

Für Blaine Gibson geht das Fernduell weiter. Er will jetzt nach Madagaskar. Da gibt es eine lange Ostküste, viele Kilometer Strand, die er absuchen will.

Seine Gegenspieler fahren an einem sonnigen Junimorgen in den Hafen des westaustralischen Fremantle ein, nicht weit von Perth. Zum zwölften Mal kommt die Besatzung der *Fugro Equator* zurück, zum zwölften Mal mit leeren Händen.

Ein junger Matrose steht im Bauch des Schiffes, in einem Raum voller Computer, in dem die Wissenschaftler Sonarbilder analysieren. »Diesmal hatte ich wirklich Angst«, sagt er.

Der Winterwind blies mit 65 Knoten, die Wellen – bis zu 14 Meter hoch – brachen auf Augenhöhe. Dort,

wo eigentlich der Horizont sein sollte, schäumendes Weißwasser. »Sechs Wochen hat die See das Schiff hin und her geworfen wie Spielzeug. Nachts bist du aus dem Bett gerollt.« Es war ein Höllentrip, der Fisch war kein einziges Mal im Wasser. Der Fisch – das ist ein zwei Meter langes, gelb-schwarzes Sonargerät, 1,3 Millionen US-Dollar teuer.

Die Mannschaft hat ihm den Namen *Spero* gegeben – »Ich hoffe«.

Spero ist das Auge. Draußen lässt ihn die Crew in die Tiefe hinab bis knapp über den Meeresgrund. Dort unten in der perfekten Schwärze tastet Spero mit dem Sonar den Boden ab und macht so sichtbar, was noch kein Menschenauge gesehen hat.

Auf den Bildern im Lagezentrum erscheinen graue Wüsten. Einzelne Felsen. Ganze Gebirgszüge. Schiffscontainer, die über Bord gegangen sein müssen. Drei Schiffswracks haben sie mit ihrem Fisch gefunden. Aber nicht, wonach sie eigentlich suchen: ein etwa 200 mal 800 Meter großes Trümmerfeld.

Die einzigen Bilder von MH370-Trümmern, die es an Bord der *Fugro Equator* gibt, sind auf dem Laptop eines australischen Ermittlers gespeichert. Bevor das Schiff am Abend wieder ablegt, wird er sie der neuen Crew zeigen. Es sind Bilder von Blaine Gibsons Handykamera. Bilder von dem Fundstück mit der Aufschrift *»No Step«*.

Niemand spricht es aus, aber man kann es in den Gesichtern der Crewmitglieder lesen: Sie glauben nicht daran, dass sie das Flugzeug finden werden. Etwa 7.000 Quadratkilometer fehlen noch, dann hat die *Fugro Equator* das komplette Suchgebiet gescannt, dann machen sie Schluss. Bis es neue Informationen gibt, die es erlauben, ein neues Suchgebiet zu definieren.

Die roten Zonen auf der Karte der Kieler Wissenschaftler? Zu groß, sagen die Australier. Würde Jahre dauern und Hunderte Millionen Dollar verschlingen. Die Gegend südlich der Malediven? Dort sei man nicht zuständig. Außerdem: zu groß, zu teuer.

Zwei Wochen nachdem sich Blaine Gibson von Sakinab Shah verabschiedet hat, meldet er sich telefonisch. Er sagt, er stehe auf einem Hügel an der Küste Madagaskars. Er habe neun Trümmerteile gefunden, unter anderem die Einfassung eines Monitors, wie er in Flugzeugsitzen eingebaut ist. Dazu persönliche Gegenstände, vielleicht Handgepäck. Er schickt Fotos. Ein Rucksack mit *Angry Birds*-Aufdruck. Eine schwarze Laptophülle mit dem Schriftzug »Mensa«. Mehrere Taschen. Er sagt, er werde die Fotos an die Familien schicken. Vielleicht erkennt ja irgendwer etwas wieder.

Sieben der neun Teile, das bestätigen die Ermittler später, stammen wahrscheinlich von MH370, die Monitoreinfassung ist aus der Economyklasse. Für Gibson der Beweis, dass das Flugzeug nicht intakt auf dem Meeresgrund liegt – und dass es nicht kontrolliert zur Landung gebracht wurde, wie aus dem Zustand der Flügelklappen gefolgert wurde. Die Kieler Ozeanografen sagen, die neu gefundenen Teile könnten aus dem australischen Suchgebiet oder aus dem Gebiet südlich der Malediven stammen. Bisher hat kein Angehöriger etwas auf Gibsons Bildern wiedererkannt.

Im Fernduell Gibson – Australien steht es acht zu null.

Wenn die Australier aufhören, wird Gibson weitermachen. Den nächsten Flug hat er schon gebucht – nach Südafrika.

EPILOG

Am Ende des Jahres 2016 könnte Blaine Gibson zurückblicken und sich eine persönliche Erfolgsgeschichte erzählen. Sie könnte damit beginnen, dass er im Februar in Mosambik ein Wrackteil von MH370 gefunden hat, ein erstes Indiz, dass seine Suche aussichtsreicher sein könnte, als viele damals für möglich hielten. Diese Geschichte könnte weitergehen mit Gibsons Reise auf die Malediven im Sommer, an deren Ende seine Theorie, MH370 sei südlich des Inselstaats abgestürzt, wieder möglich schien, weil er Informationen widerlegen konnte, die dem zu widersprechen schienen. Gibson könnte sich erinnern an Riake Beach, den Strand im Nordosten Madagaskars, an dem er bei drei Besuchen in diesem Jahr ein gutes

Dutzend Trümmerteile gefunden hat, von denen einige sicher von MH370 stammen. Dazu entdeckte er persönliche Gegenstände, die ebenfalls Verbindungen zu MH370 haben. Ein Schuh, den Gibson im Sand fand, beispielsweise, sieht einem Schuh sehr ähnlich, der auf Überwachungskameravideos des Flughafens Kuala Lumpur zu sehen ist. Eine chinesische Passagierin trägt ihn beim Passieren der Sicherheitskontrolle. Kurz darauf steigt sie in das Flugzeug, das später verschwindet. Ist es derselbe Schuh? Oder nur dasselbe oder ein ähnliches Modell? Noch weiß man das nicht. Aber es gibt weitere Verbindungen zwischen den Gegenständen, die Gibson in Madagaskar fand, und Passagieren. Gibson brachte die Untersuchung des größten Mysteriums der zivilen Luftfahrtgeschichte in diesem Jahr weiter voran als die offiziellen Ermittler.

Während die australischen Suchschiffe Monat um Monat erfolglos den Boden des südindischen Ozeans scannten, stieß Gibson in Madagaskar allem Anschein nach auf die Reste eines Trümmerfeldes – und nährte damit die Hoffnung der Angehörigen der Passagiere. Vielleicht würden sie doch noch erfahren, was mit dem Unglücksflug geschah.

Als Gibson zuletzt in Madagaskar war, begleiteten ihn sieben Angehörige, darunter die junge Frau, deren Tränen ihn damals bei der Gedenkzeremonie in Kuala Lumpur so gerührt hatten, dass er sich entschied, selbst nach MH370 zu suchen. Fast zwei Jahre später durchkämmten sie gemeinsam die Strände Madagaskars. Und wieder lagen zwei Teile im Sand.

Natürlich freuten sich Gibson und seine Begleiter über ihren Fund. Aber noch wichtiger war ihnen etwas anderes: neue Aufmerksamkeit für die Suche. Denn je älter das Jahr wurde, desto weniger Interesse schien die malaysische Regierung an der Aufarbeitung des Unglücks zu haben. Die Teile, die Gibson bereits im Sommer gefunden hatte, lagen immer noch in Madagaskar herum. Niemand aus dem malaysischen Ermittlerteam hatte sie abgeholt, obwohl sie wichtige Spuren hätten liefern können.

Deswegen hatten Gibson und die Familien Kamerateams und Reporter mit nach Madagaskar gebracht, die die Geschichte in die Welt tragen sollten. Es funktionierte: Die Bilder von Angehörigen, die taten, was eigentlich Job der Ermittler ist, nämlich Beweise zu sammeln, erhöhten den Druck auf die malaysische Regierung. Sie schickte einen Mitarbeiter des Transportministeriums nach Madagaskar und ließ ihn die Teile zurück nach Malaysia bringen, wo sie untersucht werden sollen.

Und dann könnte Gibson seine persönliche Erfolgsgeschichte abschließen mit zwei Berichten, die die australischen Ermittler veröffentlichten. Im ersten präsentierten sie die Untersuchungsergebnisse einiger Trümmerteile und kamen zu dem Schluss, dass die Landeklappen des Flugzeugs wohl nicht ausgefahren gewesen waren, als es auf den Ozean aufschlug, dass also keine kontrollierte Landung auf dem Wasser versucht worden sei. Gibson hatte nie an die Schuld des Piloten geglaubt. Der Bericht bestärkt ihn.

Und dann, Anfang Dezember, veröffentlichen die Australier einen zweiten Bericht. Darin gestehen sie ein, MH370 liege mit an Sicherheit grenzender Wahrscheinlichkeit nicht im von ihnen definierten Unterwassersuchgebiet. Zum ersten Mal geben die Australier zu, an der falschen Stelle gesucht zu haben. Man müsse weiter nördlich suchen, empfehlen sie nun, in einem 25.000 Quadratmeter großen Gebiet zwischen 36 und 32 Grad südlicher Breite entlang des siebten Bogens, den die Wissenschaftler anhand der Inmarsat-Satellitendaten errechnet hatten. Gibson vermutet das Wrack zwar noch weiter nördlich, wenn nicht in der Nähe der Malediven, dann doch in wärmeren Breiten am siebten Bogen, aber die Empfehlung der Australier sieht er als Schritt in die richtige Richtung.

Es scheint also ein Erfolgsjahr für Gibson gewesen zu sein. Mit jedem neuen Trümmerteil, jeder neuen Reise, vor allem mit dem Besuch der Angehörigen in

Madagaskar schuf er neue Aufmerksamkeit für die Suche nach MH370.

Aber die Öffentlichkeit, die er wollte, hatte einen zweiten Effekt – einen, mit dem er nicht gerechnet hatte. Seit Monaten beschuldigen ihn Blogger und Trolle im Internet, die Trümmerteile selbst platziert zu haben, um sie dann zu »finden«. Sie fragen verschwörerisch, wie es sein kann, dass ein Mann immer wieder Trümmer findet. Dass sie seinen Weg zu säumen scheinen, egal wohin er geht. Die Netteren werfen ihm eine Inszenierung vor, Aufschneiderei und Narzissmus. Andere beschuldigen ihn, bewusst falsche Fährten zu legen, ein russischer Spion zu sein oder die Hoffnung der Angehörigen zu missbrauchen.

Gibson fragt sich, ob da draußen jemand seine Suche sabotieren will. Je größer sein Erfolg, desto brutaler die Anschuldigungen. Im Dezember tauchen Morddrohungen gegen ihn auf. Zunächst tut er sie ab. Der übliche Hass im Netz, denkt er. Aber dann zeigte er sie Freunden, Anwälten und Richtern, die er noch aus dem Jura-Studium kennt, und sie sagen: Das musst du ernst nehmen.

Wenn man ihn Ende Dezember 2016 anruft, klingt seine Stimme resigniert, leicht genervt. Er sagt: »Ich höre auf, nach Trümmern zu suchen. Ich bin nicht bereit, mein Leben zu riskieren. Und was bringt es schon?«

Ja, sagt er, sein Plan sei auf den ersten Blick aufgegangen. Denn er hat nicht das Gefühl, dass die Suche, in die er so viel Zeit, Geld und Energie gesteckt und die – wie er befürchtet – seine Sicherheit gefährdet, lohnenswert war. Derzeit scheint es, als seien die Suchanstrengungen der australischen Regierung zu Ende. Als die Ermittler im Dezember ihren Bericht vorstellen und empfehlen, das Suchgebiet nach Norden zu verschieben, sagt der australische Transportminister Darren Chester: »Der neue Bericht gibt uns keine genaue Position des Flugzeugs.« Ohne neue Beweise werde man die Suche nicht fortführen. Malaysia hält sich bisher zurück.

»Warum soll ich weitersuchen, wenn es sowieso nichts bringt? Ich habe das Gefühl, dass Malaysia und Australien kein Interesse mehr daran haben, dieses Flugzeug zu finden.«

Gibson will sich erst mal zurückziehen, keine Öffentlichkeit, keine Trümmersuche mehr. Ob er das kann? Einfach abschütteln, was sein Leben über zwei Jahre dominiert hat, was ihm Sinn gegeben hat? Gibson weiß es selbst nicht. Wenn es neue Hinweise, gar Beweise gäbe, könne er wahrscheinlich nicht anders als die Suche nach dem Wrack wiederaufzunehmen, sagt er.

Aber erst einmal hat er sich etwas anderes vorgenommen. Er will fortführen, was er für MH370 unterbrochen hatte – alle Länder der Welt zu bereisen. Einige der 17 noch fehlenden will er 2017 von seiner Liste streichen, angefangen mit Mauretanien und Gambia. Das Schöne an diesem Lebensziel sei, sagt Gibson, dass er es aus eigener Kraft erreichen könne. Er braucht dafür keine Ermittler, Forensiker, Minister. Er ist nicht angewiesen auf Suchschiffe und Haushaltspläne in fernen Ländern. Und er muss sich dafür nicht im Netz beschimpfen lassen.

Dieses Ziel lässt sich ganz still erreichen.

Bastian Berbner
Dezember 2016

Mitteilung vom 17. Januar 2017
Dato' Sri Liow Tiong Lai,
malaysischer Verkehrsminister
Darren Chester MP, australischer
Infrastruktur- und Verkehrsminister
Li Xiaopeng, chinesischer Verkehrsminister

Heute verließ das letzte Suchschiff das Unterwassersuchgebiet. Flug MH370 von Malaysia Airlines konnte
in dem 120.000 Quadratkilometer großen Suchgebiet
im südlichen Indischen Ozean nicht lokalisiert werden.

Obwohl die besten, modernsten wissenschaftlichen
Erkenntnisse genutzt wurden, indem sowohl neuste
Technologien als auch äußerst begabte Wissenschaft-
ler und Experten zum Einsatz kamen, konnte das
Flugzeug in dem Gebiet bedauerlicherweise nicht ge-
funden werden.

Daher wurde die Suche nach MH370 eingestellt.

Die Entscheidung, die Suche einzustellen, wurde nicht leichtfertig und nicht ohne Bedauern getroffen. Sie steht jedoch im Einklang mit den Entscheidungen, die unsere drei Länder im Juli 2016 im Zuge des Treffens der drei Minister in Putrajaya in Malaysia getroffen haben.

Obwohl im Rahmen von wissenschaftlichen Studien weiterhin versucht wurde, alternative Suchgebiete einzugrenzen, gibt es bis jetzt keine Informationen, die eine exakte Bestimmung des Flugzeugs zulassen würden.

Wir sind überwältigt von dem Pflichtbewusstsein und der Hingabe der Menschen, die sich zu Hunderten an der Suche, die eine beispiellose Herausforderung war, beteiligt haben. Ihr unermüdlicher Fleiß hat unser Wissen über das Suchgebiet ständig verbessert und unsere Bemühungen, das Flugzeug zu lokalisieren, kritisch begleitet. Wir möchten nochmals den vielen Nationen danken, die uns ihr Wissen und ihre Unterstützung seit den frühen Tagen dieser Tragödie zur Verfügung gestellt haben.

Die heutige Mitteilung ist von großer Bedeutung für unsere drei Länder, aber wichtiger noch ist sie für die Familien und Freunde derjenigen, die an Bord der Maschine waren. Erneut möchten wir derjenigen gedenken, die ihr Leben verloren haben, und des schmerzlichen Verlusts der Hinterbliebenen.

Wir hoffen weiterhin, dass neue Informationen ans Licht kommen werden und dass das Flugzeug irgendwann in der Zukunft doch noch gefunden werden kann.

Brief an die Verkehrsminister von Malaysia, Australien und China:
den ehrenwerten Minister Liow Tiong Lai
den ehrenwerten Minister Darren Chester
den ehrenwerten Minister Li Xaopeng

Sie und all diejenigen, die Ihnen unterstehen, haben gewissenhaft eine Unterwassersuche innerhalb eines riesigen Gebietes durchgeführt, das mithilfe der Satellitendaten von Inmarsat und deren Interpretation festgelegt wurde. Diese Daten lieferten den besten Hinweis, der Ihnen zu jenem Zeitpunkt zur Verfügung stand. Unglücklicherweise führte er dazu, dass Sie Ihr Ziel verfehlten.

Während Ihrer Unternehmungen habe ich meine eigene, private Suche gestartet. Ich bin an Stränden und Küsten entlanggelaufen und habe 15 Trümmerteile gefunden und gemeldet, die aller Wahrscheinlichkeit nach von MH370 stammen. Andere Privatleute haben weitere Teile entdeckt und von ihren Funden berichtet.

Ihre besten Wissenschaftler und Ozeanografen haben diese Trümmerteile verwendet und eine brillante Analyse der Strömung durchgeführt, mit der die wahrscheinlichste Absturzstelle von MH370 festgelegt wurde. Sie haben die Analyse mit den Daten von Inmarsat und Suchaufzeichnungen aus der Luft kombiniert, um ein neues Suchgebiet, das viel kleiner ist als alle anderen zuvor, zu definieren. Das Ergebnis bietet die besten Chancen, um die Absturzstelle, die Black Box und das unter Wasser liegende Trümmerfeld zu finden. Die gefundenen Trümmerteile und die Strömungsanalyse sind die neuen glaubwürdigen Beweise, die eine Fortsetzung der Suche rechtfertigen.

Wenn Sie sagen, dass Sie die Suche aussetzen wollen, bis Sie glaubhafte Beweise bezüglich der exakten Lage des Flugzeugs haben, sagen Sie damit im Grunde, dass Sie die Suche nicht fortsetzen, bis jemand anders das Flugzeug findet. Dieses Statement ist, mit Blick auf Ihre vergangenen Bemühungen und auf Ihre Verantwortung, unwürdig und ebenso komisch wie

the SEARCH for:

MH370

keep it ON

tragisch. Sie können es besser und sollten es auch besser machen.

Es ist richtig, dass eine Strömungsanalyse kein »X« hervorbringen kann, mit dem die Absturzstelle auf einer Karte markiert werden könnte. Aber wenn man die Analyse mit den Satellitendaten von Inmarsat und den Suchaufzeichnungen aus der Luft kombiniert, entsteht eine Überschneidung, die das am wahrscheinlichsten in Frage kommende Gebiet der Absturzstelle erkennen lässt. Sollten Sie immer noch Vertrauen in die Daten von Inmarsat haben, spricht alles dafür, die Suche zu verlängern und auf das neu empfohlene Areal auszudehnen. Der einzige Grund, sich dem zu verweigern, wäre, dass Sie das Vertrauen in die Verlässlichkeit der Inmarsat-Daten verloren haben. In diesem Fall sollten Sie dies einfach zugeben.

Sie sind es den Angehörigen und allen Flugzeugpassagieren schuldig, die Suche in dem neuen Gebiet fortzusetzen, um das Rätsel zu lösen und uns die Antworten zu geben, die wir brauchen. Nur so kann sichergestellt werden, dass etwas Ähnliches nie wieder passiert. Nur dann werden Sie, und auch wir, die Öffentlichkeit, wissen, dass Sie alles in Ihrer Macht Stehende getan haben. Wir müssen die Gewissheit haben, dass wir, wenn wir an Bord eines Flugzeugs gehen, nicht einfach verschwinden können.

Ich gratuliere Ihnen zu und danke Ihnen für Ihre bisherigen Bemühungen. Doch wenn Sie dieses letzte kleine Gebiet nicht absuchen, das mithilfe von neuen, glaubhaften Beweisen, die uns das Meer geschenkt hat, festgelegt wurde, werden all unsere bisherigen Bemühungen umsonst gewesen sein.

Ich bitte Sie deshalb dringendst darum, mit der Suche fortzufahren.

Mit freundlichen Grüßen und allem gebührenden Respekt

Blaine Alan Gibson
23. Januar 2017

BASTIAN BERBNER arbeitet als Redakteur im Ressort Dossier bei der ZEIT in Hamburg. Für seine Texte wurde er mit dem Deutschen Reporterpreis und dem Springer-Preis ausgezeichnet sowie für den Egon Erwin Kisch-Preis nominiert.

DIE BILDER